TRAMIENTO QUEMADURAS EN URGENCIAS Y UCI

Dr Francisco Hidalgo Gómez

Médico especialista en Médicina Intensiva
Médico especialista en Farmacología Clínica
Médico generalista

INDICE:

I. DEFINICIÓN Y CLASIFICACION DE LAS QUEMADURAS

Las quemaduras son aquellas lesiones producidas en los tejidos por acción del calor en sus diferentes formas, energía térmica transmitida por radiación, productos químicos o contacto eléctrico. Los mecanismos de producción mas frecuentes en nuestro medio son : las llamas y los líquidos calientes, principalmente son lesiones de la piel, pero a veces afectan a órganos profundos (pulmones, corazones, riñones, etc.)

La severidad de las quemaduras está determinada por cinco factores :

- Profundidad de la misma, 1°, 2° y 3° grado
- Extensión de la quemadura, porcentaje del área del cuerpo quemado
- Afectación de regiones críticas
- Edad del paciente, peor en edades extremas de la vida
- Estado general de salud de la persona (enfermedades concomitantes)

Desde el punto de vista clínico, práctico y pronóstico, las quemaduras suelen clasificarse según :

- El agente causal
- La profundidad de la quemadura
- La extensión de la zona quemada
- Otros factores (edad, localización y patología previa)

I.1. SEGÚN EL AGENTE CAUSAL

A/ QUEMADURAS TERMICAS

Originadas por cualquier fuente de calor (llama ó fuego directo, líquidos ó sólidos calientes) capaz de elevar la temperatura de la piel y las estructuras profundas hasta un nivel tal, que producen la muerte celular y la coagulación de las proteínas o calcinación. La extensión y profundidad de la quemadura dependerá de la cantidad de energía transmitida desde la fuente.

B/ QUEMADURAS POR RADIACIÓN

Se producen con más frecuencia por exposición prolongada a la radiación solar ultravioleta, tanto la luz solar, como otras fuentes artificiales de radiación, ya sean lámparas para bronceado, radiodermitis por tratamientos radioterápicos, por láser, por otras radiaciones ionizantes

C/ QUEMADURAS QUÍMICAS

Producidas por sustancias líquidas, sólidas ó gaseosas, de origen ácido ó básico (álcalis). Todos ellos producen necrosis de los tejidos, pudiendo extenderse su acción en profundidad durante largo tiempo

D/ QUEMADURAS ELECTRICAS

Producidas por el resultado de la generación de calor, que incluso puede alcanzar los 5000°C . Debido a que la mayor parte de la resistencia a la corriente eléctrica se localiza en el punto donde el conductor contacta con la piel, las quemaduras eléctricas suelen afectar a ésta y a los tejidos subyacentes. Pueden ser de cualquier tamaño y profundidad. La necrosis progresiva y la formación de escaras suele ser de mayor intensidad y afecta a estructuras mas profundas de lo que indica la lesión inicial (lesión en iceberg). La lesión por electricidad, especialmente por corriente alterna puede producir inmediatamente parálisis respiratoria, fibrilación ventricular o ambas.

I.2. SEGÚN SU PROFUNDIDAD

A/ QUEMADURAS EPIDÉRMICAS (1ER grado)

- El ejemplo mas típico y significativo lo constituyen las quemaduras solares.
- Afectan únicamente a la epidermis.
- Tienen aspecto enrojecido, eritematoso
- Son molestas e incomodas, muy sensibles al tacto
- Existe vasodilatación local postliberación de Prostaglandinas, produciendo edema local.
- Suelen resolverse en 4 ó 5 días, mediante reepitelización.

B/ QUEMADURAS DERMICAS (2° grado)

B.1/ Dérmica Superficial ó 2° superficial .

- El ejemplo mas típico son las ocasionadas por agua caliente y fuego directo actuando pocos segundos
- Presentan flictenas ó ampollas
- Cuando las ampollas se rompen aparece el fondo de un color rojo muy vivo y muy sensible
- Son de tipo exudativo y la zona se presenta hiperemica
- Existe un despegamiento del cuerpo mucoso de Malpigio
- Conserva el folículo pilosebáceo
- Son dolorosas
- Curan en 8 – 10 días mediante reepitelización

B.2/ Dérmica Profunda ó 2° Profundo

- No presentan ampollas (ya que se han destruido anteriormente por la continuidad en el tiempo del agente causal)
- Son exudativas y rojizas
- Son dolorosas
- Presentan pérdida del folículo pilosebáceo
- Curan en 10 – 15 días.

C/ QUEMADURAS SUBDERMICAS (3ᵉʳ Grado)

C.1/ Subdérmica Superficial ó 3ᵉʳ Grado superficial

- Presentan destrucción del estrato dermo-epidérmico
- Su aspecto oscila entre el carbonaceo y el blanco nacarado
- Son indoloras por total destrucción de las terminaciones nerviosas

C.2/ Subdérmica Profunda ó 3ᵉʳ Grado Profundo

- Sobrepasa el estrato dermo epidérmico
- Daña grasa, tendones, músculo y hueso

- Son indoloras

- Ambas necesitan injerto de piel

CLASIFICACIÓN DE LAS QUEMADURAS POR SU PROFUNDIDAD (BENAIM (1.950).

Tipo A: Epidérmicas   y   Eritematosas (rubefacción).
                    Dérmicas superficiales   Flictenulares o ampollosas.

Tipo AB: Dérmica profunda   Blanquecinas, superficiales
            Y Subdérmica superficial   Blancogrisáceas.

Tipo B: Subdérmica profunda   Escaras.
            Cuarto grado(Carbonaceas) Aspecto acartonado.

EVOLUCIÓN LOCAL DE LAS QUEMADURAS DE ACUERDO CON SU PROFUNDIDAD. (BENAIM).

Dg. INICIAL   EVOLUCIÓN   Dg. FINAL   TTO.

- Tipo A>>>>>>>>> Curación espontánea. >>>>>>>>>>>>>> Cura tópica
- Tipo AB   Escara intermedia
  1. AB—>A   >>>>>>>>>>>>>>>>>>>>>>>>>   Curación
     espontánea.
  2. AB--> B   Cura reparadora
- Tipo B   Escara profunda   Injerto piel.

EVOLUCIÓN LOCAL DE LAS QUEMADURAS DE ACUERDO CON SU PROFUNDIDAD. (BENAIM).
  1. Quemadura Tipo A:
  Cura espontáneamente en 10-12 días sin dejar secuelas y con restitución total de las capas epidérmicas perdidas.

2. Quemadura Tipo B:

Eliminación natural de la escara en 2-3 semanas. Se debe realizar escarectomía previa en 2-3 días, y cobertura con injerto.

3. Quemadura Tipo AB:

- Eliminación de escara en 3 semanas.
- Epitelización 10-15 días más. Curación 35-40 días.

La anterior buena evolución es en los caso de quemadura AB--->A.

Mala evolución en los casos de tendencia de AB--->B.

I.3. SEGÚN SU EXTENSIÓN

La gravedad de una quemadura depende también de la superficie corporal que haya sido afectada. Como norma general usamos la regla de los 9 ó de [**PULANSKI - TENNISON**)

Según la cual el cuerpo humano se divide en 11 regiones teniendo la misma extensión todas ellas, es decir 9% y la zona correspondiente a los genitales tendría un 1%. No obstante esta estimación variará con la edad del paciente

En quemaduras aisladas para calcular rápida y fácilmente su extensión, utilizaremos la palma de la mano del paciente, ella representará el 1% de la superficie corporal. En el supuesto de concurrencia de quemaduras de distinto grado NO valoraremos en cuanto a la extensión las quemaduras de 1er grado.

I.4. SEGÚN OTROS FACTORES ASOCIADOS:

De forma teórica no se puede hablar de levedad ni gravedad en las quemaduras ya que todos los conceptos están entrelazados, pero sí se puede decir que pueden considerarse GRAVES aquellas que dificultan la respiración, las que cubren más de una parte del cuerpo, las quemaduras en la cabeza, cuello, manos, pies o genitales, las quemaduras en un niño o un anciano, las quemaduras extensas o profundas, las quemaduras causados por sustancias químicas, explosiones o electricidad.

Las quemaduras graves pueden ser mortales; por lo tanto necesitan atención médica lo antes posible. Las quemaduras que afectan a más del 35% de la superficie corporal, la edad superior a 60 años y la presencia de lesión por inhalación son factores de riesgo de muerte. La tasa de mortalidad es del 0,3% sin factores de riesgo, el 3% con un factor de riesgo, el 33% con dos y alrededor del 87% con tres.

		LEVES	MODERADAS	GRAVES
ADULTO	1° y 2° Superficial	< 15%	15 a 20%	> 20%
ADULTO	2° Profundo y 3°	<2%	2 a 12%	>10%
NIÑO	1° y 2°	<10%	10 a 20%	>20%
NIÑO	3°	<2%		>10%

Tendremos que incluir, independientemente del porcentaje de superficie corporal quemada, entre las quemaduras graves a:

- aquellas asociadas a síndromes inhalatorios que dificultan la respiración.
- las quemaduras en la cabeza, cuello, manos, pies o genitales (zonas críticas)
- Quemaduras por explosiones y asociadas a traumatismos
- Quemaduras Eléctricas.
- Quemaduras Químicas.
- Quemaduras en lactantes y ancianos.

II.   FISIOPATOLOGÍA DE LAS QUEMADURAS

Tras una quemadura, se producen en el organismo una serie de mecanismos fisiológicos, condicionado por su gasto metabólico elevado, proporcional a la magnitud de la lesión que conducirán a un daño patológico:

II.1.   ALTERACIÓN DE LA PERMEABILIDAD CAPILAR:
La quemadura aumenta la permeabilidad. capilar de la zona quemada y de las áreas vecinas. Hay un trastorno en la microcirculación con paso de líquidos, iones y proteínas del espacio intravascular al intersticial formándose un edema, que se ve favorecido por liberación de sustancias vasoactivas de la escara, quemadura y zonas adyacentes.

II.2.   EVAPORIZACIÓN:
En condiciones normales evaporamos el 2´8 % agua.
Se multiplica por 10 en las quemaduras debido a la pérdida del estrato dermoepidérmico.

8

III.3. ALTERACIONES SISTÉMICAS:

A/. Hematológicas:

1/ Se produce una gran hemólisis: Un 20 % SCQ destruye 15 % GR.

2/ Hemoglobinemia + Hemoglobinuria (40-50 % SCQ).

3/ Aumento de Bilirrubina a 5-10 Mg./dl.

4/ Anemia resistente a tratamiento, no hemoterápico.

B/ Alteraciones de la coagulación:

1/ Se produce una hipercoagulabilidad sin CID.

2/ La actividad de la protrombina está Normal ó disminuida.

3/ $\uparrow$ Actividad plaquetaria: lo que se traduce en la producción de microtrombos.

4/ $\downarrow$ Antitrombina III (inhibidor coagulación): Trombosis.

C/. Alteraciones cardiovasculares:

1/ Hipovolemia con disminución del Gasto cardiaco, además se ve favorecido por:

a) Edema (por secuestro de plasma en el espacio intersticial).

b) Aumento de la evaporación.

2/ Factor depresor de la contractilidad: favoreciendo la disminución del gasto cardiaco(GC).

3/ Liberación de catecolaminas: $\uparrow$ RVP y Postcarga.

4/ Alteración de la perfusión tisular: Hipoxia tisular.

D/. Alteraciones Renales:

1/ Insuficiencia prerrenal con oliguria.

E/. Infección:

1/ Contaminación endógena de la quemadura: Aproximadamente el 70-80 %.de la infección procede del mismo quemado : Flora: rectal, nasal, fondos de saco folículos polisebáceos. Contaminación cruzada: 20-30 %.

2/ Herida por quemadura: la escara. es en sí el sustrato idóneo para la proliferación bacteriana

3/ Otros: venotomías, punciones, cateterismo, escarotomías, apertura de síndromes. compartimentales. Todas ellas favorecen la infección

F/. En paciente con inmunodeficiencias: Síndrome.de Inmunodeficiencia
adquirida postquemadura debido a

1/ Inhibición quimiotaxis y fagocitosis:
2/ Endotoxinas bacterianas.
3/ Prostaglandinas.
4/ Corticoides endógenos.
5/ Citoquinas.
6/ Inmunocomplejos
7/ Neuropépticos.

Entre las complicaciones probables de las quemaduras, exceptuando las lesiones ocasionadas
por acción directa del calor, se encuentran

- las secuelas sistémicas (p. Ej., colapso circulatorio hipovolémico, infección)
- La alteración obstructiva y restrictiva. La lesión térmica del tracto respiratorio
  inferior suele estar producida por la inhalación de vapor ó de gases calientes,
- La infección (1ª causa de mortalidad)
- Las arritmias cardíacas en pacientes quemados están producidas por hipovolemia,
  hipoxia, acidosis o hiperpotasemia y directamente por la quemadura eléctrica
- La hipoalbuminemia e hipocalcemia

III. VALORACIÓN DE LAS LESIONES

III 1. Anamnesis.

Las circunstancias, el mecanismo productor, la inhalación de humos, el estar en un
espacio abierto ó cerrado, la existencia de traumatismo asociado, etc.,toda esa información
sobre el suceso puede proceder de cualquiera que haya presenciado ó intervenido en el
rescate. La Anamnesis debe incluir el uso habitual de medicamentos, la existencia de
enfermedades previas (alergias, enfermedad pulmonar, cardiaca o renal, diabetes) o
alteraciones psiquiátricas (la quemadura puede ser por maltrato o intento de suicidio) y los
hábitos tóxicos (tabaco, alcohol y otras drogas).

III.2. *Exploración física.*

Se debe practicar una exploración física completa antes que la quemadura madure (ya que los signos físicos son más difíciles de interpretar entonces). Se debe calcular el área de superficie corporal (ASC) en todos los pacientes.

Previo ó posterior a los dos puntos anteriores y según las circunstancias en las que nos encontremos(equipo médico que llega 1° al lugar donde se encuentra el paciente, urgencia hospitalaria, médicos rurales etc.) y también según las circunstancias del paciente quemado, y de la quemadura (Leve ó grave) actuaremos en consecuencia:

A/ Actuando sobre el agente productor, deteniendo su acción y/o apartando inmediatamente a la victima del agente. Retiramos toda la ropa, exceptuando aquella que esté adherida a la piel. Tranquilizaremos a la victima si está consciente.

B/ Como norma general la quemadura se debe lavar con cantidades abundantes de solución salina fisiológica ó agua fría durante bastante tiempo y desbridar. Retiremos cuidadosamente anillos, pulseras, cinturones, y en general todo objeto ó ropa ajustada antes que la zona comience a inflamarse

C/ Estableciendo una vía aérea adecuada y más si sospechásemos de inhalación de humos y obstrucción. Cuidado, pues, con las quemaduras faciales, pérdida de vello en ceja y nariz, ronquera ó estridor, esputos carbonáceos, y alteración del nivel de conciencia

D/ Reponiendo el líquido perdido, *por vía oral*, en el caso de que tengamos una quemadura ↓ al 15%, el paciente esté consciente y no existan patologías asociadas, ó *por vía endovenosa* en el resto de los casos

E/ Reconociendo y tratando signos que supongan una amenaza vital

F/ Protegiendo al paciente de una mayor contaminación bacteriana. No rompa las ampollas. Cubramos el área quemada con una compresa húmeda.

G/ Estableciendo dos vías venosas, con al menos dos catéteres de grueso calibre, utilizando si es posible zonas no quemadas

H/ Controlando la diuresis; en el caso de hidratación oral, orinando en una botella y en el caso de hidratación endovenosa colocando una sonda de Foley.

I/ Administrando analgésicos en caso necesario para disminuir el dolor

J/ Si se localizan las quemaduras en cara o cuello coloque una almohada o cojín debajo de los hombros y controle los signos vitales, cubra las quemaduras de la cara con gasa estéril o tela limpia abriéndole agujeros para los ojos, nariz y la boca.

Aproximadamente el 85% de los pacientes con quemaduras tienen quemaduras de pequeño tamaño y pueden tratarse de forma ambulatoria. Los pacientes con quemaduras más extensas y los pacientes con quemaduras profundas de pequeño tamaño en manos, cara, pies y perineo se deben hospitalizar. Esto se debe a que la posibilidad de infección en estas áreas puede provocar una alteración estética y funcional grave. Un paciente que recibe tratamiento ambulatorio debe ser hospitalizado si la herida no va a curar espontáneamente en 3 semanas. También puede ser necesaria la hospitalización si se prevé un mal cumplimiento en el tratamiento, cambios de apósito o instrucciones médicas o si el paciente es menor de 2 años o mayor de 60.

IV. TRATAMIENTO DE URGENCIA DE LAS QUEMADURAS

IV.1. TRATAMIENTO INMEDIATO :

- Quitar ropas de vestir y anillos
- Detener el proceso que indujo la quemadura
- Irrigar la zona con solución fría de suero fisiológico o chorro de agua
- Cubrir con sábanas limpias
- Utilizar protocolo de RCP en caso necesario

IV.2. MEDIDAS GENERALES :

A/ FLUIDOTERAPIA:

Catéter IV. del mayor calibre posible para reposición hidroelectrolítica.

Los líquidos a administrar estarán determinados por la superficie corporal quemada y el peso en Kg. (VER ANEXO)

Colocar en zona no quemada, pero si fuese necesario se colocará sobre una escara.

Diuresis: Debe ser mayor de 40 - 50 ml/hora en el adulto (75-100 en Quemaduras eléctricas)

Ringer lactato. Solución Salina Isotónica.(Templados) en inicio, seguido de coloide cuando esté disponible El coloide es urgente es pacientes con quemaduras moderadas o graves, en los niños y ancianos, en las quemaduras profundas de manos, cara o perineo, en presencia de cardiopatía, o cuando el Hematocrito está elevado, lo que indica una hipovolemia incipiente. Si se retrasa la administración de líquidos más de 2h tras la quemadura, el coloide se debe administrar en cuanto esté disponible.

Los niños requieren glucosa por tener reservas bajas de glucógeno

Administrar el 50% del volumen en las primeras 8 horas de ocurrida la quemadura.

Administrar el 50% restante en las siguientes 16 horas.

La reposición basal se basa en la monitorización estrecha del paciente. El objetivo es mantener una TA y un Hto adecuados, así como un volumen de orina >50 a 100 ml/h (0,5 a 1 ml/kg/h) en adultos o 1 ml/kg/h en niños para evitar la sobrecarga circulatoria. Se determina la Hb cada 3 a 4 h durante las primeras 72h, y se ajusta el tratamiento para mantener los niveles de Hb entre 11 y 16 g/dl. Se debe mantener el Hto entre el 30 y el 45%. En aquellos pacientes con cardiopatía o nefropatia de base se deberán ajustar a la baja las cantidades basales de líquido para conseguir un volumen urinario de 25 ml/h. al mismo tiempo que se vigilará al paciente para detectar cualquier signo de sobrecarga circulatoria

B/ ANALGESIA:

- Paracetamol (VO).
- Clonixinato de lisina 100-200 mgr (IV).
- Morfina (IV).Es el ideal. Dosis de 2-4 mg disueltas en suero fisiológico a pasar en 30 segundos., pudiendo repetir en caso de persistencia del dolor cada 5-15 minutos, hasta llegar al máximo de dosis permitida (2-3 mg./Kg) o hasta que desaparezca el dolor ó aparezcan efectos secundarios
- Meperidina (IV). 1 ampolla diluida en 9 cc. de suero fisiológico, administrando en bolos de 2 cc. hasta que aparezcan los efectos analgésicos
- Ketorolaco trometamol (IV).

    "NO UTILIZAR VIA INTRAMUSCULAR."

C/   ANSIEDAD:

Derivados diazepínicos.

Haloperidol.

D/   OXIGENOTERAPIA:

Oxigeno al 40 % como mínimo, para desplazar el monóxido de Carbono

Si IRA por inhalación, valorar intubación naso ó endotraqueal con ventilación mecánica y traqueostomía. Las indicaciones absolutas para la intubación son la respiración rápida y superficial con taquipnea de 30 a 40respiraciones/minuto, bradipnea menor de 8 a 10 respiraciones/minuto, obstrucción mecánica de la vía aérea debida a traumatismo, edema o laringospasmo y signos de insuficiencia respiratoria con pH arterial <7,2, PO_2 <60 mm Hg., o PCO_2 >50mm Hg.

Las indicaciones relativas son la exposición a una explosión o fuego en local cerrado, pelos de la nariz o mucosa oral chamuscada, eritema de paladar, ceniza en boca, laringe o esputo, edema asociado a quemadura de la cara o cuello y signos de dificultad respiratoria (como aleteo nasal, estridor o ruido respiratorio, ansiedad, agitación, agresividad).

E/   INMUNIZACIÓN ANTITETANICA

Toxoide tetánico SC 0´5 ml. A los pacientes inmunizados en los 5 años anteriores administraremos Inmunoglobulina humana antitetánica im. 500 ui., e iniciaremos una inmunización activa simultanea

F/   DIETA ABSOLUTA

En casos de náuseas y/o vómitos SNG. El aporte nutricional se debe iniciar pasadas 24-48 horas de la fase de reposición de líquidos

G/   CUBRIR AL QUEMADO CON SABANAS LIMPIAS

H/   NUNCA ANTIBIOTICOS DE URGENCIA EN LAS QUEMADURAS.

Posteriormente, a nivel hospitalario se hará necesario realizar cobertura antibiótica con Penicilina V como profilaxis de la celulitis estreptocócica

I/   ELEVAR los miembros edematizados para evitar Síndrome compartimental

J/   *COLOCAR en posición semisentada para disminuir el edema facial.*

K/   *ADMINISTRAR* protectores gástricos, para evitar la úlcera de stress. Dar 1 ampolla de Ranitidina IV. cada 8 horas

IV.3. *TRATAMIENTO LOCAL DE LA QUEMADURA:*

- Retirada de ropas si no están adheridas y objetos que compriman(anillos, pulseras, relojes, etc.).

- Limpieza somera, no traumática con compresas empapadas en suero salino o agua corriente templada, nunca fría

  (excepción de grandes quemados) más solución jabonosa suave: Digluconato de clorhexidina (HIBISCRUB®). retirando con cuidado todos los residuos presentes

- NO PONER ANTISÉPTICOS COLORANTES, ya que dificultaran la valoración posterior de la profundidad y extensión

- Cubrir las zonas quemadas con compresas empapadas en suero fisiológico ó agua templada, y preservar de manera exquisita la manipulación de dichas zonas, una total antisepsia .

QUIMIOTERÁPICOS TÓPICOS.

Requisitos: Ser estéril, hidrosoluble y micronizado.

Amplio espectro bacteriano.

Buena acción sobre la superficie quemada.

Capacidad de penetración a través de la escara con adecuada concentración subescara.

Ausencia de reacciones adversas.

Aplicación no dolorosa.

De fácil aposición y retirada.

Barato.

POVIDONA YODADA: BETADINE.

Útil para Gram +, Gram -, Virus.

Dolorosa.

Mala penetración escara.

Hiperiodemia.

No en SCQ > 20 %, ni tampoco en niños

Inhibe la proliferación de fibroblastos.

SULFATO DE GENTAMICINA: GEVRAMYCIN.

Gram +, Gram -.

Induce resistencias bacterianas.

Nula penetración escara.

Alergias.

Ototoxicidad.

Nefrotoxicidad.

NITROFURAZONA EN BASE DE POLIETILENGLICOL 0.2%: FURACÍN.

Gram +.

Dolorosa.

Fotosensibilización.

Indicaciones: Tras tratamiento quirúrgico con injertos. Cobertura de la zona donante.

SULFADIACINA ARGÉNTICA 1%: FLAMMAZINE.

Estéril. Hidrosoluble. Micronizada.

Gram +. Gram -. Hongos.

Buena actividad sobre superficie quemada.

Penetración escara +/-.

Sin efectos adversos.(ocasionalmente en pacientes alérgicos a las sulfamidas)

Resistencias ocasionales a Pseudomonas y Enterobacterias.

Acción exfoliante.

No dolorosa. Fácil manejo. Uso / 12 h.

Indicaciones: Q < 20%. Q. ambulatorias.

SULFADIACINA ARGÉNTICA 1% + NITRATO DE CERIO 2'2%: FLAMMAZINE CERIO.

Estéril. Hidrosoluble. Micronizada.

Gram +. Pseudomonas.

Forma "escara seca".

Sin efectos adversos. .(ocasionalmente en pacientes alérgicos a las sulfamidas)

Acción exfoliante.

No dolorosa. Fácil manejo. Uso / 24 h.

Indicaciones: Quemaduras extensas

Quemaduras en Inmunocomprometidos

Quemaduras con alto potencial séptico

IV.4 TRATAMIENTO QUIRURGICO DE LA QUEMADURA:

A/ ESCAROTOMIA

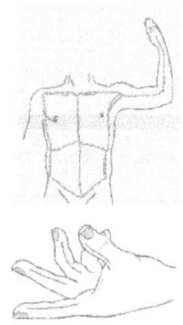

En aquellos casos en los que por la localización y/o profundidad de la quemadura, sospechemos una compresión de estructuras profundas, debidas al intenso edema producido, será de suma importancia realizar una descompresión quirúrgica temprana (entre 10-24 horas máximo, tras la quemadura) por personal entrenado. Se sospecha isquemia periférica cuando una extremidad está más fría que las otras y tiene un relleno capilar más lento. La ecografía Doppler confirma la isquemia. Se debe liberar la escara a tensión cuando exista una sospecha fundada de isquemia aunque los pulsos Doppler estén presentes. En las lesiones cutáneas que no afectan a tejidos profundos, la incisión de escarotomía se debe profundizar sólo hasta la dermis, excluyendo la hipodermis y la grasa subcutánea. Para conseguir una liberación completa, la incisión se debe extender superando ampliamente la zona tensa de la escara. Algunas escaras que son aparentemente de espesor total conservan la sensibilidad al dolor, por lo que la incisión puede ser dolorosa, siendo conveniente realizarlo bajo anestesia general

B/ ESCARECTOMIA

Las quemaduras de segundo grado profundo y las de tercer grado deben tratarse mediante resección quirúrgica temprana o extirpación de la escara, mejor entre los días primero y cuarto tras la quemadura. La extirpación retira tejido desvitalizado, evita la sepsis por debajo de la escara y permite cerrar la herida antes, acortando la hospitalización y mejorando el resultado funcional y estético. Se deben identificar las zonas en las que no es previsible la curación en 3 semanas y que requieren por tanto excisión, así como determinar la secuencia de resección. Si la lesión es extensa y la supervivencia del paciente es dudosa, se deben extirpar primero las áreas más afectadas para reducir drásticamente el volumen de quemadura abierta. Las áreas que suelen tratarse en primer lugar y que reciben los injertos satisfactoriamente son espalda, tórax y abdomen. No se debe extirpar de una vez más del 30% del área quemada, incluyendo las zonas donantes. Cuando el problema no es la supervivencia, sino la estética o la funcionalidad, se deben extirpar en primer lugar, y por este orden, las escaras en manos, brazos, pies y piernas. Tradicionalmente, las escaras faciales se extirpan de forma conservadora, manteniendo la mayor cantidad posible de tejido blando. Algunos autores recomiendan la extirpación precoz de las escaras faciales.

C/   INJERTOS CUTANEOS

Después de la extirpación, el lecho de la herida requiere un cierre con injerto. Los injertos pueden ser autoinjertos (piel del paciente), aloinjertos (piel viable, generalmente de donante cadáver) o xenoinjertos (piel de origen porcino). Los autoinjertos, que son permanentes, se pueden trasplantar como una lámina (pieza de piel sólida) o como una malla (lámina de piel donante en la que se hacen incisiones pequeñas a intervalos regulares con un instrumento apropiado, lo que permite que el injerto cubra un área más extensa). Los injertos mallados se emplean cuando la piel del donante es escasa, pero no se usan para quemaduras superiores al 20% del ASC. Estos injertos prenden con un aspecto de rejilla irregular, en ocasiones con cicatriz hipertrófica excesiva. No suele ser posible obtener un autoinjerto suficiente para las quemaduras profundas superiores al 40% de la SCQ., sin embargo, se puede obtener piel del paciente de la misma zona donante a intervalos de 14 días. Los aloinjertos y xenoinjertos son temporales, suelen ser rechazados a los 10 a 14 días y deben ser sustituidos por autoinjertos. No obstante, pueden ser vitales en pacientes con quemaduras masivas. Otra alternativa es un sistema de sustitución de la piel con una plantilla de regeneración dérmica artificial a partir de cartílago de tiburón. La plantilla es biodegradada después de inducir la formación de piel completamente nueva, creada por las células del paciente y que es permanente.

V.   QUEMADURAS ESPECIFICAS
V.1.   QUEMADURAS ELECTRICAS :

- Recuerde que SIEMPRE tienen la consideración de quemaduras graves, por lo que siempre necesitan ser valoradas en una unidad de quemados.
- Los efectos locales se producen por la acción electrolítica y la acción térmica de la corriente.
- Reconozca y busque punto de entrada, salida y la dirección del arco (el punto de entrada suele tener el aspecto de escara seca y el de salida de escara blanda, como las producidas por las bases.
- Descarte si existe trauma asociado [caída de altura].
- En caso de parada cardiorrespiratoria, necesitan de mayor tiempo de reanimación
- Interrogue si hubo paro cardiaco o pérdida del conocimiento.

- Establezca la extensión de la lesión recordando que tan solo son la punte del iceberg del total de lesiones. Tome precauciones y prevenga el Síndrome Compartimiental.
- Hospitalice al paciente, ya que pueden originar lesiones en corazón, riñón y cerebro.
- Monitorice al paciente [24-48 horas], ECG de ingreso. Existe riesgo de arritmias
- Busque por orinas pigmentadas [mioglobinuria y Hemoglobinuria].
- Mantenga una diuresis entre 75 y 100 cc por hora.(para evitar el posible fracaso renal agudo, causado por la mioglobinuria) por lo que la fluidoterapia necesaria se aumentará al doble de lo habitual y puede estar recomendado el uso de diuréticos, tipo furosemida
- Recoja un informe detallado para traspasar al hospital donde haga referencia a la hora del accidente, mecanismo de producción así como detalle de la cantidad y calidad de los líquidos administrados.
- Abrigue al paciente incluso en exceso a la hora de transportarlo.
- Alcalinice la orina [Bicarbonato de Sodio 45-50 meq. por cada litro de Ringer Lactato] para facilitar la excreción de los pigmentos.
- La electricidad de los cables de alta tensión puede saltar o describir un "arco" de hasta 18 metros y matar a una persona. Por consiguiente, NO se acerque al accidentado a no ser que le informen oficialmente que la corriente eléctrica ha sido suspendida.
- Antes de dar atención de primeros auxilios, interrumpa el contacto, cortando la corriente de la conducción principal en caso de que sea accesible. Si no es posible cortar el fluido eléctrico haga lo siguiente : Párese en una superficie seca de caucho o madera. Retírela de la fuente eléctrica con un objeto de madera o plástico ya que no son conductores de electricidad. NO la toque con sus manos porque usted va a recibir la descarga eléctrica.
- Las lesiones de los fulminados por rayo, a veces se asemejan mas a las heridas por desgarro o por explosión que a una quemadura típica.

La frecuencia / incidencia de éste tipo de quemaduras es menor en relación a las producidas por líquidos ó llama, pero sus efectos suelen ser bastante devastadores.

El tipo de lesión producida dependerá de varios factores:

- Voltaje, medido en voltios. Será bajo por debajo de 500-1000 voltios(sus lesiones serán de tipio local por la producción de calor) ó alto, por encima de los 1000 voltios(habitual del tendido eléctrico e industrial) y las lesiones que originen serán de tipo necrótico-

- Intensidad medido en amperios
- Resistencia, entendiéndola como oposición del cuerpo al paso de la corriente, por lo que cuanto mas conductivo sea un cuerpo menos resistencia opondrá al paso de corriente eléctrica. En el cuerpo humano la resistencia va aparejada a su menor o mayor contenido en agua (el hueso es el más resistente y los vasos y nervios los menos).
- Energía, medida en watios, y que nos explica la transformación de la energía eléctrica en térmica
- Tipo de corriente, continua (de uso industrial y gran voltaje)o alterna (de uso doméstico y bajo voltaje). A igualdad de voltaje es mas lesiva la alterna. PRECAUCION con el bajo voltaje por el riesgo de arritmias diferidas, así como de fracturas por tetania.
- Duración del contacto, siendo el daño proporcional al tiempo de contacto
- Recorrido de la corriente, que de forma habitual tras la puerta de entrada busca una toma a tierra atravesando para ello el cuerpo de forma totalmente imprevisible.

V.2. QUEMADURAS QUÍMICAS

Se denominan causticaciones, y la diferencia con las quemaduras originadas por el calor, es que en las causticaciones la irritación ó corrosión producida por un agente químico se prolonga mientras queden restos del mismo en los tejidos

Se produce un daño cutáneo agudo generado por irritación directa, corrosión y/o calor producido por agentes químicos. La intensidad de la lesión estará en función de:

Concentración.

Tipo de reacción

Volumen.

Duración del contacto.

Agentes etiológicos:

ÁCIDOS: necrosis coagulativa.

ALCALINOS: necrosis licuefactiva.

Otros: necrosis anóxica e isquémica.

Recordar que siempre tienen la consideración de graves y lo primero que tendremos que hacer será retirar al individuo del lugar de contacto al mismo tiempo que le retiramos las ropas y anillos y lavamos con agua abundante por un periodo de tiempo no inferior a 30 minutos. No debemos olvidar que alguno de los agentes químicos tienen asociada toxicidad sistémica, pudiendo por lo tanto producir daño metabólico

A/ QUEMADURAS POR ÁCIDOS.

Nítrico, Sulfúrico, Clorhídrico, Acético, Formol

Muy dolorosas.

Aspecto eritematoso en las superficiales ó aspecto de escara seca (con aspecto de piel curtida, de color amarillo negruzco.) en las profundas.

Tratamiento:

Agua abundante durante al menos 10 min.

Solución diluida de bicarbonato sódico.

B/ QUEMADURAS POR ALCALIS.

Desengrasadores de hornos. Cal. Fertilizantes. Cemento. Sosa. Potasa.

El mecanismo lesivo consiste en una deshidratación celular y saponificación de la grasa subcutánea. Las lesiones son de aspecto blando, pastosas

No forman escaras, por lo que el cáustico puede seguir actuando en profundidad

El dolor es más leve y más tardío que las producidas por ácidos.

Mayor destrucción tisular y menor daño inmediato que los ácidos.

Tratamiento: Agua (a ser posible, acidulada con vinagre ó ácido fosfórico) 1 hora.

Si la quemadura es por sodio ó potasio metálico está contraindicado el lavado con agua, y será tratado con aceites vegetales

C/ QUEMADURAS POR FÓSFORO

Militares. Explosivos. Pirotecnia. Insecticidas. Fertilizantes.

El fósforo inorgánico a 34° C entra en ignición espontánea produciendo quemaduras de tipo térmico y

químico.

Tratamiento:

Agua de forma continua y abundante (inmersión si fuera posible).

Retirar el fósforo sobrante de la piel (es muy tóxico a nivel hepático, renal y cardiaco)

Forzar la diuresis usando hidratación y diuréticos osmóticos.

D/ QUEMADURAS POR EXTRAVASACIÓN.

Nos referimos a lesiones yatrogénicas ocurridas como consecuencia de extravasación de un determinado tipo de sustancias administradas de forma intravenosa, tales como:

- Drogas.
- Agentes osmóticos - soluciones hipertónicas. (Gluconato cálcico, Contrastes,

Dextrosa 10%).

- Sustancias que generan isquemia - (Adrenalina, Noradrenalina, Dopamina).
- Citotóxicos directos - (Doxorrubicina).

La lesión inicial mas frecuente es la presencia de un área enrojecida. También nos podemos encontrar con escaras e incluso flictenas

Tratamiento:

Retirada de la vía intravenosa

Colocación de compresas frías.

Desbridar e injertar si la profundidad indicara la imposibilidad de una cicatrización espontánea

Según algunos autores podría ser útil la colocación de paños calientes e incluso el uso de numerosos antídotos

VI. ANEXOS

VI. 1/   CALCULO DE LA HIDRATACIÓN DEL QUEMADO

Utilizamos la fórmula de BROOKE Y PARKLAND modificada :

FLUIDOS	TOTAL EN LAS PRIMERAS 24 HORAS	DISTRIBUCION
Ringer LACTATO Y SUERO SALINO 0,9% Alternando cada 500 cc. Usamos glucohiposalino en niños +	3 a 4 ml./kg/ % SCQ.	1,5 a 2 en las 1as 8 horas 0,75 a 1,0 en las 2as 8 horas 0,75 a 1,0 en las 3as 8 horas
DEXTROSA 5%. Complementando al anterior y usada como agua de recambio, mientras el enfermo no tolere por boca	1500 a 2000 ml.	750 a 1000 ml. en las 1as 8 horas 375 a 500 ml. en las 2as 8 horas 375 a 500 ml. en las 3as 8 horas
COLOIDES Ó PLASMA ö ALBÚMINA. Para pacientes con : • Hipoproteinemia moderada – severa • Quemaduras eléctricas • SCQ> 30-35 %	0,3 a 0,5 ml./Kg./ % SCQ 0,5 a 1,0 ml./Kg./% SCQ	en las 3as 8 horas en las 3as 8 horas

Nota : Este cálculo se hará para pacientes con una SCQ > 15-20%

Para pacientes con SCQ> 50% solo se administraría líquido como para 50%

VI.2/   MONITORIZACIÓN EN LA ADMINISTRACIÓN DE FLUIDOS

- Nivel de conciencia
- Diuresis, en adultos > a 40-50 ml./hora, y en niños > 30-40 ml./hora
- Signos vitales
- Electrolitos, pH y hematocrito.
- Circulación periférica
- Gasometría
- Intentar mantener la hemoglobina alrededor de 12 gr. /dl.

VI.3/ CRITERIOS DE INGRESO HOSPITALARIO

- Quemaduras de 2° y 3° con mas del 10% de superficie corporal quemada en pacientes menores de 10 años ó mayores de 50.
- Quemaduras de 2° y 3° con mas del 20% de superficie corporal quemada en pacientes mayores de 10 años ó menores de 50.
- Quemaduras de 3° con mas del 5% de superficie corporal quemada en cualquier edad.
- Quemaduras en cara, manos, pies, genitales, periné y zonas con pliegues de flexo extensión.
- Quemaduras eléctricas y químicas.
- Quemaduras en vías aéreas.
- Quemaduras circunferenciales en tórax y miembros.
- Quemaduras en pacientes con patología de base que compliquen su tratamiento y evolución.
- Quemaduras en pacientes con traumatismos que comprometan la vida

VI.4/ FACTORES PRONOSTICOS

- Extensión
- Edad
- Profundidad
- Antecedentes personales
- Localización
- Afectación de vías aéreas

VI.5/ CARACTERÍSTICAS COMUNES DE LAS QUEMADURAS

Causas	Profundidad en grados	Dolor	Aspecto
Líquidos calientes	2° grado	Intenso	Húmedo/ Ampollas/ Color rosa
Exposición prolongada	2° y 3° grado	Mínimo	Húmedo/ Rojo oscuro
Llama por Flash	2° grado	Severo	Húmedo/ Rojo oscuro
Contacto directo	3° grado	Mínimo	Seco / Blanco
Electricidad	3° grado	Intenso	Marrón claro /Blanco cetrino/ Correoso
Químicas	2° hacia 3° grado	Severo	Marrón / Correoso / Blanco claro

Cualquier paciente quemado puede tener quemaduras con diversos grados de profundidad

VI.6/ MANEJO DE LAS QUEMADURAS DE 1° GRADO

- Aplicaremos compresas frías en el área de la quemadura
- No aplicaremos ungüentos ni cremas antibióticas, ya que no existe riesgo de infección
- Los analgésicos tópicos en spray tienen breve efecto y pueden irritar a determinadas pieles delicadas
- Debemos administrar AINES vía sistémica a dosis terapéutica.
- Si el paciente está deshidratado debemos actuar en consecuencia.
- Evitemos el contacto con ropas y objetos que puedan comprimir
- Debemos esperar curación sin secuelas en un periodo de 3-5 días

VI.7/ AREA DE SUPERFICIE CORPORAL

AREA	0 a AÑOS	4 5 a AÑOS	09 10 a AÑOS	14 ADULTO
CABEZA	19	15	13	9
TORAX ESPALDA	32	32	32	36
BRAZO DERECHO	9.5	9.5	9.5	9
BRAZO IZQUIERDO	9.5	9.5	9.5	9
PIERNA DERECHA	15	17	18	18
PIERNA IZQUIERDA	15	17	18	18
GENITALES			1	

BIBLIOGRAFÍA

1.- VIDAL GARCIA TORRES. Quemaduras. Tratamiento de urgencia. QUEMADURAS. TRATAMIENTO DE URGENCIA. 1.993. 3:63-71.

2.- RENE ARTIGAS-NAMBRARD. Tratamiento local de la herida-quemadura según la etapa evolutiva. CIRUGIA PLASTICA, RECONSTRUCTIVA Y ESTETICA. Felipe Coiffman. 1.994. 65:500-515.

3.- J.L. PEREIRA CUNILL, P.P. GARCIA LUNA Y T. GÓMEZ-CIA. Nutrición artificial en el quemado. TRATADO DE NUTRICION ARTIFICIAL II. 1996. 31: 469-489.

4.- FORTUNATO BENAIM. Enfoque global del tratamiento de las quemaduras. CIRUGIA PLASTICA, RECONSTRUCTIVA Y ESTETICA. Felipe Coiffman. 1.994. 63:443-496.

5.- FORTUNATO BENAIM. Tratamiento de urgencia en las quemaduras graves. Fanetti. Buenos Aires. 1.962.

6.- SABINSTON, D.H. : Quemaduras incluyendo lesiones por frío, químicas y eléctricas en Tratado de Patología Quirúrgica de Davis. Christofer 10 Ed. Madrid: ed. Interamericana, 1997: 233-261.

7.Marquez Flores, Garcia Torres y Chaves Vinagre. Principios de urgencias, emergencias y cuidados críticos. Capítulo 9.8 .SAMIUC. Ed. Alhulia.1999.

8.- EPES – 061. Protocolos de urgencia y emergencia mas frecuentes en el adulto. Capítulo 26,Diciembre 1999

ALGORITMO EN LA RECEPCIÓN DE PACIENTES QUEMADOS EN EL ÁREA DE URGENCIAS

1.- ANAMNESIS.
- REALIZAR HISTORIA DETALLADA.
- DETERMINAR " HORA CERO" DE LA QUEMADURA.

2.- VALORACION DEL ESTADO GENERAL.
- DESCARTAR SINDROME INHALATORIO.
- GASOMETRIA EN CASO DE DUDAS.
- RX DE TORAX.
- MONITORIZAR CON SATURIMETRO.

3.- DESCARTAR TRAUMATISMOS ASOCIADOS. RADIOGRAFIAS.

4.- VALORAR EXTENSION Y PROFUNDIDAD DE LAS QUEMADURAS.
- SI SCQ ES MENOR DE 15-20 % Y NO AFECTA A ZONAS CRITICAS REALIZAR CURA.
  - CONTROL AMBULATORIO POR UNIDAD DE QUEMADOS EN LAS PROXIMAS 24-48 HORAS.
  - ALTA CON ANALGESIA E HIDRATACION ORAL.
  - PROFILAXIS ANTITETANICA.
- SI SCQ ES MAYOR DE 15-20 % PRECISA INGRESO.
  - AVISAR A C. PLASTICO DE GURADIA.
  - VIA VENOSA.
  - REALIZAR HEMOGRAMA COMPLETO, BIOQUIMICA (INCLUIR PROTEINAS TOTALES) Y COAGULACION.
  - EKG (IMPRESCINDIBLE EN CASO DE Q. ELECTRICAS) Y MONITORIZACION.
  - COMENZAR FLUIDOTERAPIA.
- UNA VEZ INGRESADO Y ESTABLE EL ADJUNTO RESPONSABLE DE CIRUGIA PLASTICA VALORARA LA POSIBILIDAD DE REALIZAR ESCAROTOMIAS DE URGENCIA.

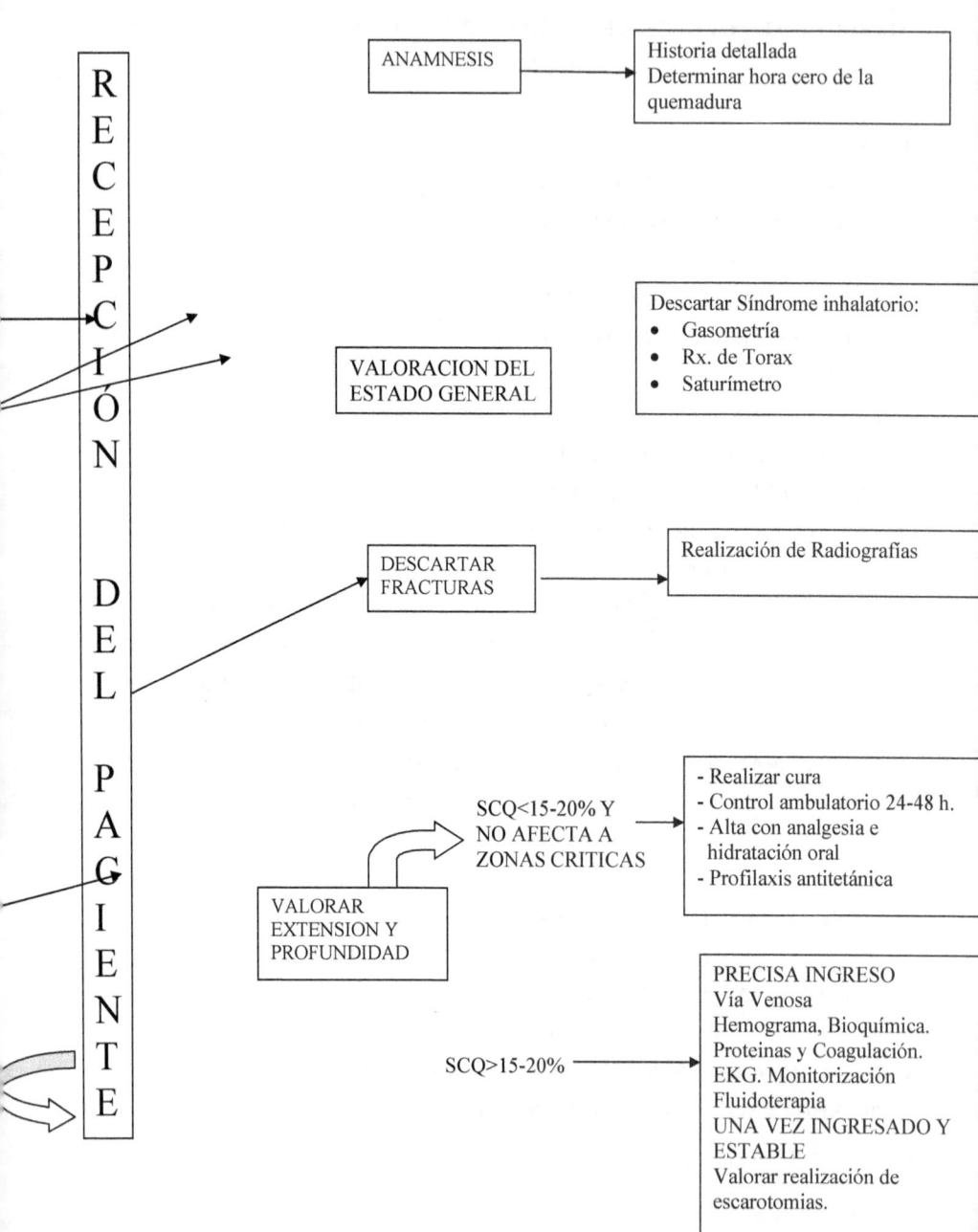

RECEPCIÓN DEL PACIGIENTE

ANAMNESIS → Historia detallada
Determinar hora cero de la quemadura

VALORACION DEL ESTADO GENERAL → Descartar Síndrome inhalatorio:
- Gasometría
- Rx. de Torax
- Saturímetro

DESCARTAR FRACTURAS → Realización de Radiografías

VALORAR EXTENSION Y PROFUNDIDAD

SCQ<15-20% Y NO AFECTA A ZONAS CRITICAS → - Realizar cura
- Control ambulatorio 24-48 h.
- Alta con analgesia e hidratación oral
- Profilaxis antitetánica

SCQ>15-20% → PRECISA INGRESO
Vía Venosa
Hemograma, Bioquímica.
Proteinas y Coagulación.
EKG. Monitorización
Fluidoterapia
UNA VEZ INGRESADO Y ESTABLE
Valorar realización de escarotomias.

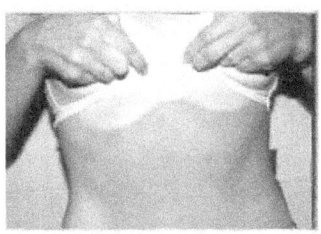

Quemadura 1° grado

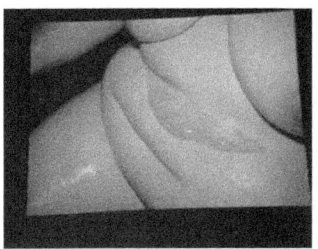

Quemadura 2° superficial (dérmica)

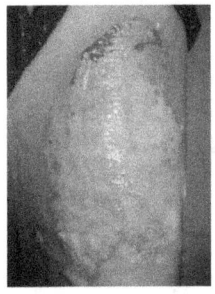

Q. 2° profunda (dérmica)

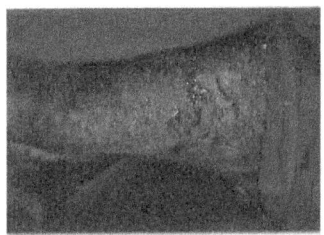

Q. 2° profunda (dérmica)

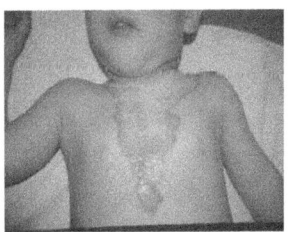

Quemadura 2° (escaldadura)

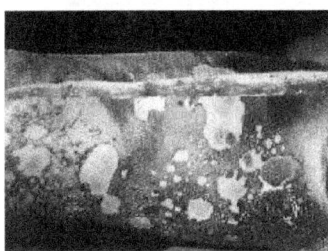

Quemadura 3° grado ó subdérmica superficial

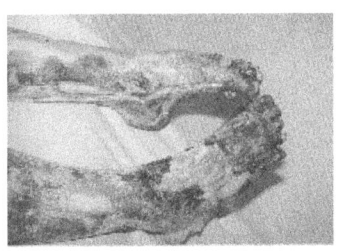

Quemadura 3° grado Profunda

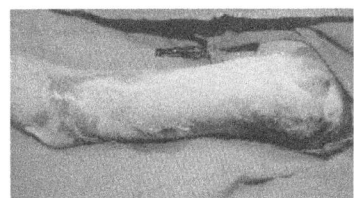

Quemadura 3° grado superficial

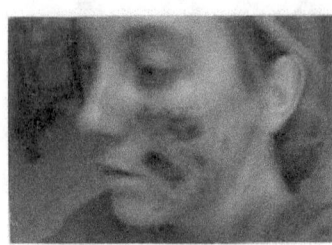

Quemadura química

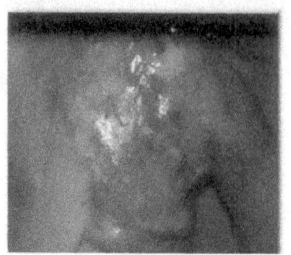

Quemadura por radiodermitis

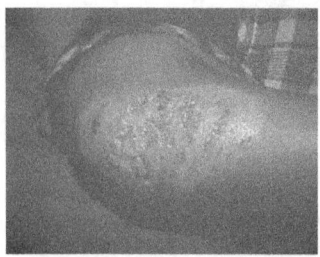

Quemadura por cizallamiento

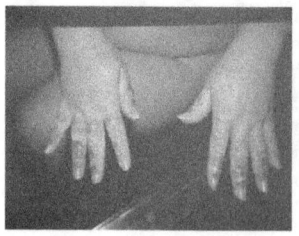

Quemadura química

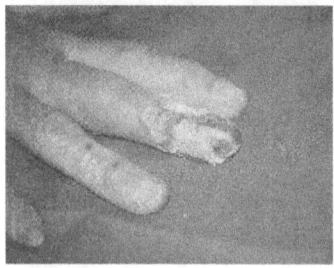

Quemadura eléctrica

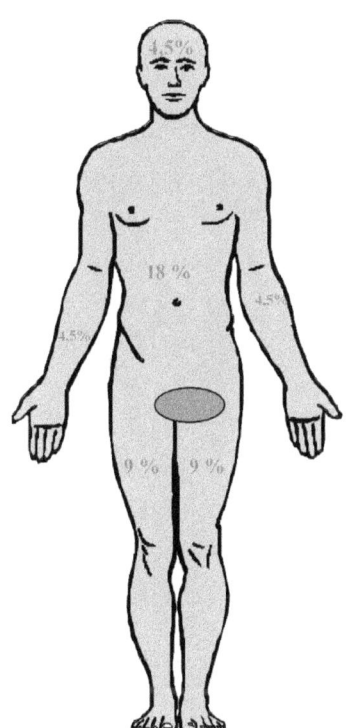

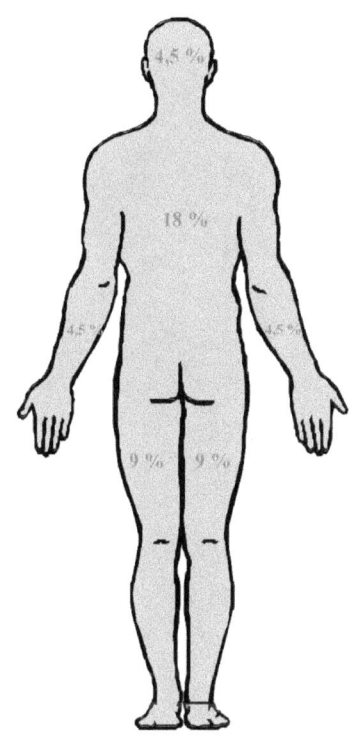